Louis Reybaud

Adrien Balbi

Le savoir en poche

ISBN : 978-1547135028

10 9 8 7 6 5 4 3 2 1

Louis Reybaud

Adrien Balbi

Le savoir
en poche

Table de Matières

Adrien Balbi

Quelque vaste que soit le champ des sciences qui relèvent uniquement de la pensée, il est facile de s'assurer, après un examen attentif, que les anciens l'avaient déjà foulé dans bien des sens et que les modernes n'en ont guère reculé les limites. En métaphysique et en morale, par exemple, ne semble-t-il pas que tout ce qu'il y avait de pertinent à dire ait été dit en des siècles plus philosophiques que les nôtres, et n'est-il pas évident que, si l'on voulait interroger avec quelque soin les origines de nos spéculations actuelles, des plus téméraires comme des plus timides, on retrouverait, en remontant les âges, les preuves de leur filiation et les traces de leur généalogie ? Peu de noms récents, peu d'idées nouvelles sortiraient intacts de cette recherche d'une paternité antérieure, et l'on pourrait inscrire tout d'abord, sur cette table ontologique, les Orientaux avant Pythagore et Pythagore ayant Spinosa, Pyrrhon avant Bayle, Parménide avant Emmanuel Kant, Épicure avant Helvétius, Platon avant saint Augustin, Zénon avant saint Bernard, et Lucien avant Voltaire. Ainsi, chaque penseur aurait son ascendant direct, et, quant aux écoles, si méritantes que soient celles d'Écosse et d'Allemagne, il serait injuste d'oublier qu'elles sont venues vingt siècles plus tard que les trois grandes écoles grecques, l'Académie, le Lycée et le Portique. D'où l'on peut conclure que la philosophie moderne, fille vivante de la tradition, a presque tout emprunté à l'antiquité, tout, excepté la croix et la ciguë.

Mais, s'il en est ainsi pour les sciences qui procèdent de la réflexion pure, il en est autrement de celles qui s'appuient sur l'observation extérieure. Ces dernières, nos aïeux n'avaient pas mission pour nous les livrer toutes faites, car c'est le temps qui les fonde et qui les agrandit. On peut, dans le monde des idées, nier la perfectibilité ; dans le monde des faits, il est impossible de la méconnaître. Ici le progrès est évident, continu, quotidien ; il se touche au doigt, il se suppute, il se mesure, il devient une vérité mathématique. C'est le cas où se trouvent les sciences physiques et naturelles ; c'est celui de la géographie surtout. La géographie est une science née d'hier ; elle s'est construite de nos jours et sous nos yeux : sa tradition sérieuse remonte à peine à trois cents ans. L'antiquité n'en connaissait guère que les aspects fabuleux et naïfs, et, si nous ne craignions pas d'encourir le reproche fait aux enfants de Noé, nous pourrions rire, sur ce point, de la nudité paternelle. Rien n'est plus bouffon que cette cosmographie où le ciel repose sur des colonnes dont Atlas est le gardien ; rien n'est plus curieux que ces périples de navigateurs qui emploient deux ans à traverser la mer Égée au milieu d'enchantements sans nombre. Ce sont là des rêves de poètes, ce n'est point une géographie.

Certes, pour en créer une, ce n'était ni la force, ni l'étendue qui manquaient au génie antique, c'était la base même de la science, la récolte des faits. Cette récolte devait être l'œuvre des siècles, et ici l'intuition ne pouvait pas suppléer la découverte. Longtemps avant que le globe eût obéi à la main patiente qui le dompte, la pensée qui a des ailes avait pu visiter les sphères idéales ; mais l'observation qui va lentement, soit qu'elle chemine le bâton du voyageur à la main, soit qu'elle ouvre la voile du navigateur à des vents capricieux, avait besoin, pour étendre sa sphère d'action, qu'on lui rendît les mers plus sûres et les continents plus praticables. La civilisation lui devait des routes, la science des instruments nautiques ; c'est là ce qui a retardé son avènement. Il a fallu que peu à peu l'astrolabe remplaçât le gnomon, cet agent imparfait des mesures astronomiques, et que la boussole offrît, sur l'immensité liquide, des points de repère plus sûrs que les chanceux relèvements d'une constellation polaire. Ce progrès s'est continué sous nos yeux par le chemin de fer dans la viabilité terrestre, et par la vapeur dans la navigation maritime : le chronomètre, ce dernier mot du calcul horaire, complète le lot de notre temps. Qui sait ce que les aérostats réservent à l'avenir

Si les instruments concouraient ainsi, par une amélioration graduelle, à l'établissement de la géographie, les évènements historiques ne la servaient pas moins. Tout lui était bon : les conflits de races, les chocs de peuples, les invasions de barbares, la conquête, la propagande. Elle profitait tout autant des désastres de la guerre que des loisirs de la paix, et butinait dans les palais comme sur les décombres. Voir, pour elle, c'était savoir ; le mouvement était son ressort, la locomotion son génie. Peu lui importaient les symboles, les couleurs, les bannières ; elle s'associait à toutes les causes sans les juger, elle se mêlait à toutes les luttes sans en partager les passions. Prompte à se transformer, elle fut, ainsi et successivement, commerçante avec les Phéniciens, poétique avec les Grecs, guerrière avec les Romains, inculte avec les Barbares, religieuse avec les croisés. Un jour, à la suite des fils de l'Islam, elle sortait des déserts arabiques, longeait le littoral de l'Afrique septentrionale, et venait planter sa tente aux pieds des Pyrénées ; un autre jour, sur la foi d'un pressentiment, elle s'embarquait avec Colomb et aventurait son premier enjeu dans une loterie qui devait lui rapporter deux mondes. Tantôt elle s'inspirait

Adrien Balbi

du génie catholique de l'Espagne qui cherchait, au-delà des mers, des âmes à conquérir ; tantôt elle s'identifiait au génie commercial de l'Angleterre, qui voyait, sur tout le globe, des colonies à fonder. Point d'exclusion, point de fierté chez elle : que l'on fût un grand guerrier comme César, ou un pauvre moine comme Rubruquis, un historien éloquent comme Polybe, ou un conteur naïf comme Marco-Polo, un infidèle comme Aboul-Feda, ou un saint missionnaire comme le père Verbiest, la géographie, curieuse seulement de faits, se préoccupait peu des personnes ; elle suivait d'un œil aussi bienveillant l'étape pénible du pèlerin isolé que la marche triomphante des escadres qui la promenaient autour du monde comme une reine. C'était par-dessus tout une science collective, qui frappait à toutes les portes et recevait de toutes les mains, afin d'élever ce monument auquel chacun devait apporter sa pierre, sans que personne fût autorisé à lui donner son nom. Cette phase d'élaboration patiente a été longue ; elle se poursuit de nos jours, elle ne s'achèvera qu'après nous. Mais le gros de la moisson est évidemment recueilli, et, pour en reconnaître la richesse, il importe peu qu'une centaine de gerbes reposent encore, éparses et oubliées, dans les mille sillons de la plaine.

Coup d'œil historique

Pour simplifier l'histoire de la géographie, il faut scinder les temps en deux parts fort inégales, mettre d'un côté cinquante-cinq siècles, de l'autre trois. Avant et après Colomb, telles sont les divisions naturelles de la science. Dans la première époque, la géographie est à l'état d'enfance ; elle semble honteusement confinée dans un coin de la terre, elle bégaie, elle se berce de contes ; dans la seconde, elle grandit ; comme par un prodige soudain, et s'empare du globe d'une main virile. Ainsi font, au dire des naturalistes, certains aloës qui, longtemps étiolés et rabougris, retrouvent, à un instant donné, tout l'arriéré de leur puissance végétative et croissent de plusieurs pieds en vingt-quatre heures.

Que de temps il a fallu pour fonder une géographie mathématique qui méritât ce nom ? Nos aïeux ont vécu trente-six siècles sans se douter de la sphéricité de la terre, ce principe que comprennent aujourd'hui les enfants. On lit bien dans les vedas hindous que l'univers a la forme d'un œuf ; mais, quand les mêmes livres parlent de notre globe, ils le dépeignent comme une montagne qui a perdu son équilibre, et qu'un dieu, transformé en tortue, soutient sur sa carapace.

Louis Reybaud

Les Égyptiens, trop vantés pour leurs connaissances astronomiques, n'en savaient guère plus que l'Inde sur les phénomènes terrestres. Les Grecs même, qui semblent avoir concentré chez eux les rayons de ces civilisations éparses, les Grecs ne se montrèrent d'abord ni observateurs plus intelligents, ni géomètres plus précis. Homère fait de la terre un disque qu'entoure le fleuve Océan ; Thalès en fait une ellipse, Hérodote une plaine, Anaximandre un cylindre, Leucippe un tambour, Héraclide un bateau. Chacun énonce ainsi son hypothèse, jusqu'à ce qu'Eudoxe de Cnide, selon les uns, Philolaüs de Crotone, suivant les autres, se soit déclaré pour la forme sphérique. Dès-lors ce système prévaut ; Aristote lui donne l'autorité d'un fait, Possidonius et Eratosthène s'en appuient dans leurs mesures terrestres ; Hipparque, Pline et Strabon en font sortir des déductions fécondes ; enfin Ptolémée, père de la géographie mathématique chez les anciens, couronne cette série de travaux par une théorie céleste, paradoxe immense qui a eu la vertu de durer quatorze siècles.

Dans la géographie descriptive, les tâtonnements ne sont pas moindres. Chez les premiers Grecs, c'est le bouclier d'Achille qui la résume. La fable se mêle à la réalité : on connaît déjà les noms d'Asie et d'Europe, on distingue ces deux régions, on les caractérise, on les décrit ; mais bientôt arrive la fiction, et alors paraissent les Cimmériens, peuplades plongées dans d'éternelles ténèbres, les Hyperboréens dotés d'un printemps éternel ; puis les Champs-Élysées, terre des âmes heureuses ; enfin l'Atlantide et la Méropide, songes de poètes sur lesquels devaient enchérir plus tard Platon et Théopompe. Cependant, même dans ces temps de croyances naïves, des observateurs sérieux sillonnaient la Méditerranée et visitaient régulièrement ses cités commerçantes. Les Phéniciens, les Carthaginois avaient semé le littoral de colonies nombreuses liées aux métropoles par une navigation active. Avant tous les autres, ces peuples franchirent les colonnes d'Hercule, formidable limite du monde primitif, et poussèrent leurs découvertes, avec Hamilcon, jusqu'aux attérages de la Grande-Bretagne ; avec Hannon, le long des côtes occidentales de l'Afrique, jusqu'à la hauteur du cap Bojador. Les Égyptiens, de leur côté, semblent avoir poursuivi sur le littoral opposé des explorations analogues, dont M. Étienne Quatremère a exagéré, après Hérodote, l'étendue et l'importance. Enfin, le roi des Perses, Darius, fit aussi exécuter, dans l'Océan indien, par Scylax de Cariande, un périple qui dut comprendre le golfe Persique et une portion de la mer Rouge. Mais les récits de ces expéditions diverses sont si fabuleux et si confus, ils se sont si évidemment travestis sous la plume des rapsodes, toujours enclins au merveilleux, qu'on ne saurait les accueillir avec trop de réserve et trop de défiance.

Dans les âges suivans, le monde s'ébranle, les peuples s'entrechoquent, et il en jaillit des étincelles qui éclairent quelques existences obscures. Cambyse ouvre cette période agitée : il lance la Perse sur l'Égypte et sème les sables libyens des cadavres de ses soldats. Dès lors un mouvement alternatif s'établit entre l'Asie et l'Europe, dans lequel le rôle d'agresseur passe incessamment de l'une à l'autre : Xercès vient frapper aux portes de la Grèce avec un million d'hommes ; Alexandre pousse ses conquêtes jusqu'aux limites du monde connu. L'Inde n'est plus un mystère ; Diagnetus et Beton la décrivent ; Néarque en explore le littoral ; Pythéas opère sur un autre point et découvre cette *ultime Thule* des anciens, objet de tant de controverses. La géographie se développe ainsi sur une vaste ligne qui court du sud-est au nord-ouest, des bouches du Gange aux îles de la mer du Nord. A leur tour, les Romains arrivent et comblent d'immenses lacunes. Le peuple-roi se met en marche dans toutes les directions, et va réveiller de leur long sommeil ces tribus barbares qui, plus tard, devaient lui rendre sa visite. La Grande-Bretagne, les Gaules, la Germanie, la Scythie, la Sarmatie, l'Hybernie, les pays slavons, tout le nord de l'Afrique, l'Asie jusqu'au-delà du Gange, la Baltique, l'Atlantique, l'Océan indien, et les mers intérieures, tout ce territoire où il a envoyé ses légions, tous ces parages où il a promené ses trirèmes, appartiennent désormais au domaine de l'observation exacte. Strabon et Pline en commencent la description : Marin de Tyr et Ptolémée l'achèvent. C'est le monde des anciens : de mille ans on n'y touchera plus. La science est frappée d'engourdissement ; on la dirait morte.

Cet intervalle est occupé, plutôt qu'il n'est rempli, par quelques moines chrétiens, tels que Cosmas, Bernard, Adaman, par des faiseurs d'itinéraires calqués sur celui d'Antonin ; enfin, par une description générale du globe, ouvrage d'un Goth dont le nom est demeuré inconnu, et que l'on appelle *le Géographie de Ravenne*. Peu à peu pourtant, ces derniers reflets des traditions grecque et romaine palissent, se dispersent, et dans l'intervalle apparaît le météore vif et court de la civilisation arabe. Bagdad, Cordoue et Caïrwan deviennent des foyers d'études géographiques d'où sortent les maîtres de l'époque, Aboul-Feda, El-Maqrizy, El-Bakoui et Léon l'Africain. Les Arabes connurent les îles Fortunées, nos îles Canaries, que les pirates normands devaient conquérir deux siècles plus tard. Ils poussèrent leurs excursions dans le Sahara et jusqu'au Cap Blanc d'une part ; de l'autre, jusqu'au royaume de Mélinde et à l'île de Madagascar, où ils fondèrent des colonies. L'Inde, les provinces du Caucase, le Thibet, la Chine, que visitèrent, vers 712, des ambassadeurs du kalife Walid, les îles Malaises, où le mahométisme est encore la religion régnante, sont dès-lors des pays familiers aux Arabes et fréquentés par leurs vaisseaux. Leurs navigateurs abordent à Guzurate, au pays de Canoge, le Bengale actuel, à Calicut, aux Maldives, sur la cote de Malabar ; ils paraissent même à Kan-Fou, dans laquelle nos savans ont cru reconnaître l'importante ville de Canton. Pendant que l'activité arabe déborde ainsi sur les terres tempérées du globe, le Nord semble travaillé, de son côté, par les premiers symptômes d'une fièvre de découvertes. Les fils d'Odin aventurent sur des mers orageuses leurs barques hardies et fragiles ; les Scandinaves découvrent l'Islande, les îles Feroë, et plus tard le Groënland. Les pirates normands infestent toutes les côtes que baigne l'Atlantique ; ils visitent les Açores, Madère et Ténériffe. Des sagas consacrent ces expéditions téméraires : Snorron, Adam de Brème, les recueillent, et le roi Alfred ne dédaigne pas de traduire de sa main les deux voyages du Norvégien Other et du Danois Wulfstan dans les pays scandinaves. La navigation quelque peu suspecte des frères Zeni se rattache à cet ordre de travaux et de recherches.

Ainsi placée entre la civilisation d'Odin et celle de Mahomet, que fait l'Europe chrétienne, cette héritière directe de la tradition antique ? Elle sommeille toujours. Pourtant, vers le XIIIe siècle, une pensée de propagande semble la réveiller. De pauvres frères mineurs, comme Carpin et Rubruquis, Anscaire et Ascelin, sont lancés dans diverses directions pour gagner des âmes à Dieu. L'un parcourt le nord de l'Europe ; les autres, infatigables missionnaires, s'engagent dans le cœur même de l'Asie, que vient de bouleverser la grande dynastie mongole. Du Dniéper au fleuve Jaune, on ne reconnaît plus qu'un maître : c'est le khan. Il a soumis un continent entier au joug de l'unité la plus despotique. Soit curiosité, soit calcul, les voyageurs se portent tous alors sur ce point. Benjamin de Tudèle a ouvert la marche ; Lucimel et Ricoldt l'ont suivi ; Marco-Polo, qu'on a nommé à bon droit le Humboldt du moyen-âge, y paraît à son tour, pour faire place à Pegoletti, à Mandeville, à Clavijo, à Haïthon, à Barbaro, à Schilderberg. De tous ces observateurs, Marco-Polo est le seul qui ait vu sainement et raconté judicieusement. Son itinéraire est immense ; il embrasse presque toute l'Asie : la vallée de Kachmir (*Chesimur*), la petite Boukharie, la Mongolie entière, la Chine (*Cathay*), dont il décrit les capitales Pékin (*Cambelu*) et Nankin (*Quinsay*) ;

Adrien Balbi

le Bengale, ou pays de *Mien*, nom que divers Asiatiques lui donnent aujourd'hui encore ; l'archipel Malais, dont il cite Sumatra (*Samara*) ; le groupe des Andamans et de Nicobar (*Necauvery*) ; Ceylan, la presqu'île du Dekkan, les royaumes de Malabar et de Guzurate dans l'Inde, les villes d'Aden, d'Ormus et de Bassora dans la Perse ; puis Madagascar (*Magastar*), où il place le rock, cet oiseau fabuleux ; le pays des Zinges et des Abyssins (*Abascia*) ; enfin la Sibérie, limitrophe de ce qu'il nomme *le pays des ténèbres*, et la Russie (*Ruzia*), vaste empire tributaire des Mongols. Quel pèlerinage, surtout dans ces temps de confusion et de barbarie ! Malheureusement Marco Polo, et moins que lui les autres voyageurs cités, ne savent pas assez se défendre de ce penchant au merveilleux, caractère des âges d'ignorance. On voit reparaître, dans leurs récits, quelques fables qu'on dirait empruntées aux époques mythologiques. Ce n'est plus, comme dans Hésiode et dans Hérodote, des fourmis gardiennes de sables aurifères, ou des bœufs garamantes qui paissent à reculons ; mais c'est, chez Marco-Polo, des montagnes de rubis-balai et de lapis-lazuli ; chez Carpin, une grande muraille d'or massif ; chez Oderic de Portenau, des oiseaux à deux têtes ; enfin, chez Mandeville, chevalier anglais et conteur imperturbable, un fruit prodigieux récolté à Chadissa, fruit qui s'ouvre de lui-même quand il est mûr, et présente un agneau sans sa laine, excellent à manger. Au XVe siècle de notre ère, la géographie en est encore à son point de départ, aux féeries.

Mais ici la science s'illumine de rayons soudains ; comme la loi du Sinaï, elle se révèle au milieu des éclairs et de la foudre. Ses deux Moïse sont Colomb et Vasco de Gama. Depuis longtemps sans doute le pressentiment d'un autre vaste continent avait dû s'emparer d'esprits supérieurs, et la trace de ces soupçons, plus poétiques que positifs, plus vagues que formels, se retrouve dans Sénèque, dans Possidonius, dans Strabon, dans Pomponius Méla et dans Chrysippe. Il y a plus : la découverte positive de l'Amérique aurait pu passer, même au Xe siècle, pour un fait acquis ; car, dès ce temps, des Islandais avaient colonisé le Groënland, et l'un d'eux, Leif Ericson, avait pu reconnaître, vers le sud-ouest, une côte que l'on estime être celle du Canada. D'autre part, et si l'on en croit des autorités qui se plaisent aux hypothèses scientifiques, l'Afrique, longtemps avant l'exploration portugaise, aurait été doublée deux fois, et relevée dans tout son périmètre, la première fois par les Égyptiens de Néchos, la seconde par les Arabes. Mais que veut-on induire de ces insinuations dont la valeur et la portée laissent tant de prise à la controverse ? Que

Colomb et Vasco de Gama sont deux plagiaires ? On ne l'oserait pas.

Ce qui inspira ces hardis pilotes du XVe siècle ce fut moins le bruit vague d'un succès antérieur que leur confiance dans une navigation chaque jour plus savante et plus perfectionnée. L'art des constructions navales commençait alors à sortir de sa longue enfance, et les vaisseaux, mieux membrés, osaient perdre de vue les côtes, pour aller, dans la haute mer, affronter la violence des vents et le courroux des vagues. Les instruments nautiques se ressentaient de ce mouvement ; Martin Behain, gouverneur de Fayal, venait de vulgariser l'emploi de l'astrolabe pour la mesure des hauteurs solaires ; la boussole était acquise à la navigation. Ainsi, par le calcul combiné du méridien et du parallèle, le pilote pouvait, loin de tout rivage, déterminer la position précise de son navire, et, à l'aide de son compas, le maintenir dans la route la plus directe et la plus sûre. L'audace soudaine qui se manifesta chez les praticiens n'était donc pas un phénomène sans cause ; les travaux des théoriciens avaient ouvert cette voie aux esprits aventureux. Depuis un siècle environ, l'Italie et l'Allemagne possédaient des écoles d'astronomie et de physique, pépinières de maîtres célèbres et d'ouvriers intelligents. Nous avons cité Martin Behain ; il faut y ajouter le Florentin Toscanelli, qui eut quelques relations avec Colomb, et Dominique Maria de Bologne, qui fut, à ce que l'on croit, l'un des professeurs de l'illustre Copernic. D'où il résulte que, s'il y eut un peu de témérité dans l'élan de la navigation à cette époque, il y eut encore plus de calcul. Ce fut un hasard peut-être qui livra à Colomb l'Amérique, sur laquelle, assure-t-on, il ne comptait pas ; mais ce qui n'était pas douteux pour l'illustre marin, quand il quitta les côtes de l'Espagne, c'est qu'avec du temps et des vivres il devait, en courant toujours vers l'ouest, et aucune terre intermédiaire ne se présentant, aboutir immanquablement aux Indes. C'était la conséquence forcée de la sphéricité terrestre.

Quoi qu'il en soit, au moment où Colomb s'ébranle, la géographie en est encore à peu près au point où l'a laissée Ptolémée. L'Europe, l'Asie, le nord de l'Afrique, et les îles qui en forment comme les satellites, sont connus tant bien que mal ; mais au-delà des Açores et des Canaries, et dans cet espace de deux cents méridiens qui court de l'île de Fer au Japon, les cartes n'offrent que du vide : le périmètre de l'Afrique demeure flottant et indéterminé. Il ne manque à la science que deux mondes complets, le monde américain et le monde maritime ; les trois quarts d'un autre monde, l'Afrique, et un nombre illimité d'accessoires. Eh bien ! le génie des découvertes s'empare alors du globe avec tant de puissance et d'autorité, qu'en moins de trois

Adrien Balbi

siècles ce travail gigantesque s'accomplit presque en entier. C'est la seconde phase de la géographie, celle qui fait la gloire de l'ère moderne.

L'élan est donné ; le problème terrestre est poursuivi dans ses deux inconnues : Colomb cingle vers l'ouest, et y trouve un continent ; Vasco de Gama gouverne au sud, et arrive dans l'Inde par le cap de Bonne Espérance. L'enthousiasme s'en mêlant, les continuateurs abondent. Ce sont, en Amérique, Balboa, Fernand Cortèz, Pizarre, Améric Vespuce, Sébastien Cabot, Walter Raleigh ; en Asie, Albuquerque, Barros, Ferdinand Perès, Barthélemy Dias. Vingt ans ne se sont pas écoulés, que Magellan double le cap Horn et exécute le premier tour du monde. Mendana et Quiros le suivent. Quelques groupes océaniens sont découverts. Jusqu'ici l'Espagne et le Portugal ont seuls marqué leur place dans cette grande invasion maritime. A leur tour, la Hollande et l'Angleterre entrent dans la lice. Les deux puissances catholiques voulaient, avant tout, convertir le globe ; les deux puissances luthériennes cherchent plutôt à le coloniser. Le génie religieux lutte quelque temps avec le génie commercial ; mais enfin ce dernier l'emporte. Le sceptre de la mer demeure aux argonautes marchands. La France demande sa part de ces îles, de ce littoral que l'on se découpe ; elle n'obtient que des ébarbures. Cependant, si les ouvriers changent, l'œuvre ne change pas. La civilisation sillonne les océans, s'impose aux peuples barbares ou sauvages, les séduit par ses raffinements ou les dompte par ses ressources. Elle tient le globe dans ses mains, et semble vouloir le pétrir jusqu'à ce que toutes ses aspérités s'effacent.

Vraiment, quand on assiste à ce spectacle merveilleux, on se sent ébloui et pris de vertige. Autrefois c'était la barbarie qui débordait, à un moment donné, sur la civilisation ; aujourd'hui c'est la civilisation qui va au loin déborder sur la barbarie. Le mouvement a lieu en sens inverse, mais le résultat demeure toujours le même : vaincue dans son foyer, ou conquérante hors de son foyer, la civilisation s'assimile toujours les éléments qui s'exposent à son contact ; ce qui lui résiste périt. Elle élève, elle redresse ; elle ne descend pas, elle ne déchoit pas. Ainsi le veut la hiérarchie des êtres. Les organisations les plus nobles sont celles qui donnent le ton, et l'autorité est en raison de la supériorité. L'ascendant de l'Europe sur le monde tient à cette cause. L'Europe n'a de force et de vertu que par le principe civilisateur qu'elle représente, c'est là son levier. Voyez où en est le globe depuis qu'il a été attaqué ainsi et par tous les bouts ! Peut-on citer aujourd'hui un seul continent où l'Europe ne revive pas,

Louis Reybaud

et dans ses idées, et dans ses usages, et dans sa population ? Est-il quelque part une influence qui ait osé tenir devant la sienne ? L'Asie est-elle encore l'Asie ; l'Amérique est-elle encore l'Amérique ; l'Océanie est-elle encore l'Océanie, et n'y a-t-il pas beaucoup d'Europe au milieu de tout cela ? Récapitulons : en Océanie l'Europe est partout ; elle a fondé Sydney et les colonies pénales de l'Australie ; elle est à Hobart-Town, elle est dans les îles Malaises, aux Philippines, aux Moluques, à Java ; elle est par ses missionnaires dans les archipels océaniens, à Hawaï, à Taïti, à Tonga, à la Nouvelle-Zélande. En Asie, elle est souveraine au sud et au nord, en Sibérie et au Bengale ; elle y comprime, elle y tient en respect l'esprit indigène ; la Syrie, l'Asie mineure, s'agitent sous son inspiration ; la Perse s'en défend mal ; la Chine seule lui oppose sa grande muraille. En Afrique, l'Europe a pris les clés de toutes les positions : Alger au nord ; le Sénégal, Sierra-Léone, Bathurst, les forts de la côte des Esclaves, les échelles de Loanga et de Benguela à l'ouest ; le cap de Bonne-Espérance au midi, et les établissements portugais à l'est ; l'Égypte, qui complète cette ceinture, obéit-elle à une influence africaine ? Reste l'Amérique ; mais y a-t-il maintenant une Amérique ? Lorsque Colomb en fit la conquête, cette vaste région nourrissait vingt millions d'hommes cuivrés, ou d'Indiens, pour parler la langue des découvreurs ; combien en reste-t-il aujourd'hui ? Huit cent mille à peine ; les autres n'ont pu s'associer à la civilisation, et la civilisation les a dévorés. L'Amérique s'est-elle dépeuplée pour cela ? Non ; l'Europe y a pourvu ; elle a démembré le monde de Colomb, a donné le nord à l'Angleterre, à la France et à la Russie ; le centre et l'ouest à l'Espagne ; l'est au Portugal ; les îles éparpillées sur ses flancs, à diverses puissances ; et une nouvelle Amérique est née avec trente millions de blancs issus de la conquête. Voilà ce qu'a fait l'Europe en trois siècles, et sans s'appauvrir elle-même, ou plutôt ce qu'a fait la civilisation, dont elle n'est que l'instrument. La fable des dents de Cadmus ne pâlit-elle pas auprès de cette réalité contemporaine ?

Au milieu de ce déplacement d'hommes et de ce bouleversement d'existences, on devine quelle dut être la tâche de la géographie. Non seulement on découvrait pour elle des pays inconnus, mais encore ces pays se modifiaient à vue d'œil ; il fallait constater, puis contrôler. Chaque jour de nouvelles reconnaissances agrandissaient son domaine. Après Dampier, Anson, Wallis et Bougainville, Cook avait paru dans l'Océan Pacifique et y avait accompli trois circumnavigations qui sont des chefs-d'œuvre de hardiesse et de patience, de science et de sagacité. Son exemple entraîna bientôt toutes les puissances maritimes vers ces plages nouvelles : la France y envoya Lapérouse et d'Entrecasteaux ; l'Espagne, Malespina et Maurelle ; l'Angleterre, Bligh et Vancouver. De nos jours même, cet élan ne s'est point ralenti : Krusenstern, Kotzebue, Beechey, d'Urville, Duperrey, Laplace, Freycinet, Paulding et Morrell ont continué, sous des pavillons divers, ces longues explorations autour du globe et poursuivi le relèvement des archipels océaniens. Si la carte du monde maritime n'est pas complète encore, quant aux détails, les lignes principales sont fixées, l'ensemble est arrêté. D'autres capitaines, non moins entreprenants, cherchaient en même temps la solution d'un problème plus ardu encore, celui d'une communication entre les deux océans au travers des mers polaires : Davis, Hudson, Baffin, Behring, et plus tard, Parry et Ross, se dévouaient dans ce but à des dangers hors de proportion avec les résultats.

A côté de ces grandes reconnaissances collectives et pour la plupart officielles, des voyageurs isolés récoltaient pour la géographie sur toute la surface du globe. La Chine n'avait plus de secrets pour les missionnaires devenus tout puissants à la cour de Pékin ; les pères Gaubil, Verbiest, Adam Shall, préparaient les voies aux ambassades de Macartney et d'Amherst. L'Inde, vice-royauté anglaise, se révélait tout entière, dans son antiquité, aux savants Colebrooke et William Jones ; dans son état moderne, à l'évêque Héber, à Jacquemont et à tous les observateurs intelligens des *Asiatic Researches* ; Koempfer voyait le Japon ; Stamford Raffles, et Marsden les îles Malaises ; Chardin, Malcolm et Morier, la Perse ; Klaproth, l'Asie russe et tartare ; Hiram Cox et Crawford, la Birmanie ; Burkhardt, la Syrie ; Sadler, l'Arabie ; voilà pour l'Asie. L'Amérique n'était pas moins favorisée, car en tête de ses explorateurs figurait M. de Humboldt, le voyageur par excellence, le voyageur encyclopédique. M. de Humboldt s'appropriait, par l'autorité d'une science presque universelle, toute la partie équatoriale du nouveau-monde ; Bullock, Ward, Pentland, côtoyaient ou complétaient l'illustre touriste ; Spix et Martius, le prince Neuwied et Saint-Hilaire parcouraient le Brésil ; Poepig, le Chili et le Pérou ; Weddel, la Patagonie ; Mackensie, l'Amérique insulaire ; Pike, Long, Lewis et Clarke, les steppes qui s'étendent du Mississipi aux Montagnes-Rocheuses ; Mac-Gregor, le Canada ; Hearne, Franklin et Rack, la région boréale au-dessus des lacs. L'Afrique ne s'était point dérobée à ce vaste réseau de recherches : sans parler de l'Égypte, foulée par tant de curieux depuis Hérodote jusqu'à l'empereur Adrien, depuis le père Sicard jusqu'à Volney, ce précurseur de l'expédition française, l'Abyssinie et l'Éthiopie voyaient Bruce,

Salt, Poncet et Combes s'engager dans leurs plateaux inhospitaliers ; la région hottentote se révélait à Levaillant et à Barrow, le Congo à Grand-Pré, à Tuckey et à Cardoso, le Sahara à Caillé, tandis que Mungo-Park, Bowdich, Denham, Clapperton, Laing et les frères Lander cherchaient, au milieu de mille morts, à dérober aux royaumes de l'Afrique centrale les mystères de leur existence et de leur organisation. Nous citons là trente noms, comme ils nous viennent et au hasard ; il faudrait en citer mille.

Ainsi, la situation a changé ; la géographie descriptive vient de décupler son domaine. De pauvre et de stérile qu'elle était avant ce bel essor du XVe siècle, la voilà devenue opulente et féconde, opulente à ce point qu'elle en est à l'embarras des richesses. Il s'agit maintenant d'ordonner la science, de lui créer des allures méthodiques, d'en trier, d'en contrôler les élémens. La théorie de Ptolémée a été ruinée par les découvertes de Copernic et de Galilée ; Mercator et Varénius opèrent sur cette base et renouvellent la géographie mathématique. Keppler et Newton y concourent en trouvant la loi des mondes. Conring presse la statistique, Delisle et Haase cherchent à recueillir les observations éparpillées, pendant que Buache se jette dans le champ des hypothèses. Mais les vrais fondateurs de la science générale, d'Anville et Busching, ne paraissent qu'au milieu du XVIIe siècle. D'Anville, esprit subtil et patient, ouvre la voie à un collationnement érudit entre la topographie antique et la topographie moderne, travail plus ingénieux qu'utile et dans lequel ont trop abondé, selon nous, Heeren, Voss, Mannert, Gosselin et plusieurs autres. Busching est plutôt l'homme des faits actuels ; il rassemble et résume les découvertes accomplies. Le tracé des cartes, jusqu'alors arbitraire et informe, acquiert peu à peu cette précision et cette netteté qu'on y admire aujourd'hui. Après Mercator qui le premier changea le système de projection, paraissent successivement Sanson, Blacuw et Cassini, dépassés à leur tour par Rennel, Dalrymple, Arrowsmith, Hogsburgh, Lapie et Brué.

Cependant, au milieu de ces conquêtes abondantes et imprévues, la géographie générale voyait à chaque instant s'agrandir ou se modifier ses perspectives. Chaque jour, quelques données vieillissaient, se rectifiaient, se complétaient. L'observation prenait un caractère plus précis, plus rigoureux, plus scientifique. Ce fut alors que les livres succédèrent aux livres ; les auteurs aux auteurs. Tous les quinze ans il fallait reconstruire la science, et comme précis élémentaire et comme haut enseignement. L'œuvre la plus méritante, en ce genre, n'était pas celle du meilleur esprit, mais celle du dernier auteur qui avait pris la

Adrien Balbi

plume. C'était plutôt une question de date qu'une question de talent. Ainsi, après Mentelle et Pinkerton, parut Malte-Brun dont nous aurons à parler ; après Malte-Brun, le savant Bitter[1] et M. Adrien Balbi qui fait l'objet de cet article. Venu le dernier, M. Balbi a sur les autres les avantages qui résultent de son millésime. Il a pu les copier dans ce qu'ils avaient de plus authentique, et emprunter ensuite, soit aux Annales et aux Revues de Weymar, de Paris, de Londres et de Calcutta, soit à des voyages récents, tout un ordre d'observations et de faits qui échappaient forcément à ses devanciers. C'est là le mérite le plus réel de son livre : quoique déjà vieilli, il est le plus jeune. Un temps viendra sans doute où cette mobilité, virtuellement inhérente à la géographie, ne sera plus exagérée par des causes accidentelles. Quand le globe sera connu et bien connu, la science continuera sans doute à se métamorphoser avec les faits statistiques et politiques ; mais elle ne sera plus remise en cause, à chaque heure, dans toute son économie, dans ses divisions, dans sa terminologie, dans ses grands reliefs, dans sa constitution orographique ou hydrologique. Jusque-là, pourtant, nos géographes devront se résigner, comme l'a fait M. Balbi, à un rôle de compilation provisoire. Didactiques ou alphabétiques, ils sont menacés du même oubli, et *l'Abrégé de géographie* ne résistera pas plus à cette injure du temps que les dictionnaires de Vosgien, de Macarthy, de Kilian et de Masselin.

On sait beaucoup du globe ; mais que de mystérieuses existences il recèle encore ? Que d'hypothèses demeurent sans preuves, d'énigmes sans mots, de problèmes sans solutions ! Sait-on bien comment l'Amérique se découpe sur l'Océan polaire, et si le passage cherché depuis Frobisher jusqu'à Ross, est une chimère ou une réalité ? N'y a-t-il pas à préciser le pôle magnétique et à atteindre le pôle réel ? L'Asie, ce vieux berceau du monde, n'a-t-elle plus rien à nous révéler ; ses populations sont-elles toutes connues ; ses plateaux, pépinières d'hommes ; ses chaînes, les plus hautes du globe, sont-ils des objets acquis à la science, certains, fixés à toujours ? Et l'Amérique, peuplée aujourd'hui de races intelligentes, ne laisse-t-elle pas plusieurs de ses zônes sous le voile ? Le littoral nord de l'Océan pacifique, depuis la Californie jusqu'aux îles Aleutiennes, le versant occidental des Montagnes-Rocheuses, les vastes prairies où campent les dernières tribus sauvages, depuis l'Indiana jusqu'à l'Orégon, depuis le Texas jusqu'à la région des lacs canadiens ; les steppes inondées

1 *Erdkunde im Verhaeltniss zur Natur und zur Geschichte des Menschen.* La traduction de cet excellent ouvrage a été commencée par MM. Buret et Desor. Il est à désirer, dans l'intérêt de la science, que l'éditeur Pantin soit encouragé à la terminer.

Louis Reybaud

de l'Orénoque et de l'Amazone, les pampas argentins, la péninsule patagonienne ; tout cela n'est-il pas à revoir, à reconnaître, même après Long, Clarke, Franklin, Mackensie, Spix et Weddel ? L'Océanie n'a-t-elle plus d'îlots coralligènes à révéler aux navigateurs, et les lignes de la Nouvelle-Louisiade ne restent-elles pas indéterminées sur toutes les cartes du monde maritime ? Les terres boréales ont été explorées, on a constaté les gisements du Spitzberg et de la Nouvelle Zemble ; mais que sait-on des régions australes, même après Weddel et d'Urville ? N'y a-t-il là qu'une immense concrétion de glaces, ou faut-il voir dans le Nouveau-Shetland et dans les îles Orkney les sentinelles avancées de terres plus considérables ? A part quelques points battus et colonisés du littoral australien, ne vit-on pas dans l'ignorance la plus absolue sur ce vaste continent qui n'a pas moins de deux mille lieues de périmètre ? Quant à l'Afrique, elle est encore comme au temps des anciens, un abîme, un labyrinthe où s'égarent les voyageurs quand le minotaure ne les dévore pas. Les sources du Nil n'ont rien perdu de leur inviolabilité antique ; elles sont aussi fabuleuses que du temps d'Hérodote ; Tombouctou reste à retrouver après M. Caillié, et le Congo a besoin d'une autorité moins apocryphe que celle de M. Douville. Centre, littoral, zône équatoriale ou zône tempérée, depuis le revers de l'Atlas jusqu'aux plateaux du cap de Bonne-Espérance, depuis les côtes de la Guinée jusqu'à celles du Zanguebar, sous tous ses méridiens et sous tous ses parallèles, l'Afrique demeure encore un problème que notre époque ne peut résoudre et dont le temps seul peut dégager toutes les inconnues.

C'est ce lot réservé, cette tâche de l'avenir qui condamnent la science actuelle à des synthèses provisoires. Ce que nous en disons n'est pas pour déprécier de tels travaux ; ils sont utiles, ils sont louables, ils servent au progrès des sociétés humaines. D'ailleurs, toutes les connaissances, filles de l'observation, en sont au même point ; elles marchent par étapes, et Dieu seul peut dire où sera le bout du chemin.

Examen de l'abrégé de géographie[2]

Tant que la géographie sera circonscrite dans le cercle d'une compilation plus ou moins heureuse, et que des esprits supérieurs n'au-

---

2 Ce travail a été fait sur l'édition de 1855, celle que M. Balbi a corrigée et surveillée. Nous n'avons pas à nous occuper d'une édition postérieure, faite par l'éditeur et loin des yeux de l'auteur. C'est M. Balbi lui-même que nous avons voulu juger.

Adrien Balbi

ront pas essayé de la conduire au ciel des idées par la mystérieuse échelle des faits, l'enseignement de cette science n'exigera que peu de qualités et des qualités modestes. Une patience suffisante pour feuilleter tous les documents, assez de critique pour les juger, assez de méthode pour les ordonner avec harmonie, telles seront les trois vertus essentielles du géographe qui doit savoir, comparer et classer. Le voyageur a un plus beau rôle ; il crée pendant que le géographe résume ; il se réfléchit dans ce qu'il voit et donne son empreinte à ce qu'il observe. L'un opère sur la nature vivante, l'autre sur la nature morte.

M. Balbi n'assigne pas à la compilation géographique un rang aussi modeste. Il a pour elle, comme science et comme art, les plus grandes prétentions, et quand il ne les affiche pas, il les sous-entend. S'il parle des veilles qu'elle entraîne, des connaissances qu'elle exige, c'est dans un style dithyrambique ; s'il énumère les facultés qu'elle suppose, la somme de ces facultés équivaut à un Leibnitz ou à un Newton. Rien n'est beau comme la géographie ; la géographie seule est aimable ; hors de la géographie point de salut. Dans un *Avis de l'éditeur*, que des analogies de style rattachent intimement à l'ouvrage, il est demandé au géographe digne de ce nom six qualités cardinales : une érudition immense, une lucidité mathématique, une exactitude irréprochable, l'horreur de toute phrase et de tout ornement, un esprit actif et des relations nombreuses. A ces vertus idéales on aurait pu joindre la portée scientifique et la valeur littéraire ; on avait ainsi le grand homme complet.

Avant de vérifier jusqu'à quel point M. Balbi est le héros de ce programme, il importe de signaler une ellipse, ou un oubli dans son énumération. Une des qualités fondamentales, selon nous, du géographe comme de tout écrivain qui s'adresse au public, c'est une grande retenue, une chaste réserve en parlant de soi. Un livre n'est pas un prospectus ; un enseignement n'est pas un rappel de titres. Et si l'on veut faire prendre cette pente à ce que l'on écrit, il faut au moins y apporter de la dignité et de la mesure. Qu'on se couronne de sa main, soit ; qu'on foule aux pieds ses devanciers et ses rivaux, soit encore ; mais que cette prétention, exorbitante au fond, s'abrite au moins sous des ménagements de formes. Autrement le trait va contre son but et blesse celui qui le lance. L'auteur qui abuse de sa personnalité à chaque page, à chaque ligne, fatigue son lecteur, le révolte et l'indispose. C'est une mauvaise école que celle des airs suffisants et des fatuités transcendantes. L'épreuve en est faite : quand un écrivain s'évalue trop haut, le public ne couvre jamais l'enchère.

Louis Reybaud

Si, au nombre des vertus du géographe, M. Balbi a omis de citer la réserve et la modestie, c'est qu'il a dû les considérer comme nuisibles ou inutiles : aussi n'en use-t-il pour sa part qu'avec la plus grande sobriété. Personne n'est plus rempli que lui de l'importance, de la grandeur, de la perfection de son œuvre. La veille de sa venue, il n'y avait que chaos dans la géographie ; mais il a voulu que la lumière se fît et la lumière s'est faite. Il faut voir quels airs de souveraine compassion il affecte vis-à-vis des petits esprits qui, avant lui, ont osé toucher à cette science ! Comme il les traite de haut, *ces prétendus géographes, ces géographes routiniers, ces certains géographes et cartographes, ce commun des géographes, complètement étrangers aux progrès de la civilisation* [3] ! Il ne leur pardonne rien, en maître sévère, pas même d'avoir ignoré ce qui ne s'est découvert qu'après eux. Et si sur sa route il en rencontre quelqu'un chargé d'un bagage dont il suspecte l'origine, voyez-le s'attendrir, s'indigner, réclamer son bien et son trésor : on le dépouille de son *édifice géographique* ; on lui dérobe une portion de sa *Bible de Géographie, on lui ravit le fruit de ses longues veilles*, on le *frustre de l'honneur qui lui est dû* ! Il en appelle au public, il invoque l'Europe savante, il en réfère à la postérité ; il crierait à la garde s'il l'osait. Même bruit, même tactique contre les critiques qui ont eu la hardiesse de ne pas admettre tous ses chiffres. C'est merveille comme il les réfute, comme il les retourne, comme il se prouve qu'ils ont tort, comme il se démontre qu'il est l'infaillibilité même ! Notez que cette polémique de susceptibilité et de plainte se trouve dans un *Abrégé de Géographie*.

M. Balbi ne manque pas d'ailleurs d'une certaine perspicacité dans ses colères. Autant il est intraitable envers les auteurs dont il veut détrôner les livres, autant il est miséricordieux et bon envers les voyageurs dont il a utilisé les documents, et les savants qui lui ont prêté leur concours. Un encens perpétuel fume dans ses pages en l'honneur de ses innombrables collaborateurs : il épuise le vocabulaire pour trouver des épithètes à la hauteur de leurs mérites ; ils sont tous des hommes incomparables, prodigieux, divins, ils ont tous des titres éclatants à l'admiration des hommes. Ce rôle de thuriféraire ne semble pas fatiguer l'auteur ; il le soutient durant quatorze cents pages. Ne lui demandez pas de juger les matériaux issus d'une confraternité amicale ; tout est beau en eux, tout est vrai, tout est pur comme l'or. M. Donville est un aussi grand homme que M. de Humboldt ; M. le docteur Constancio, un esprit aussi profond que M. Klaproth ; M. César Moreau vaut au moins un Cuvier, et M.

3 Ce qui est en italique est littéralement cité.

Adrien Balbi

Jarry de Mancy balance M. Arago. Tous les hommes qui ont apporté, ne fût-ce qu'une gerbe, qu'un épi à la moisson du géographe, sont égaux devant ses yeux ; l'obole du pauvre lui est aussi douce que le doublon du riche, et sa joie de recevoir est telle, qu'il ne regarde pas même à ce qu'on lui donne il prend l'argent rogné, l'argent au plus bas titre, le billon et jusqu'à la fausse monnaie. Résolu à vaincre par le nombre, il accouple sans discernement, sans mesure, les noms les plus célèbres aux noms les plus obscurs, et exécute en leur honneur, à la porte de son livre, les mêmes fanfares préliminaires. Ainsi distribué, l'éloge dégénère en injure pour les uns, en ironie pour les autres, et on pourrait en conclure que le géographe, placé entre des documents d'origine et de valeur diverses, n'a eu ni assez d'intelligence pour les contrôler, ni assez de force pour les dominer.

En effet, en présence de ses collaborateurs, M. Balbi n'est plus l'homme qui criait tantôt à l'aide et demandait vengeance à l'opinion contre des spoliateurs acharnés. Ce qu'il a n'est point à lui : il le doit à ses amis ; il n'est pas une seule ligne de son ouvrage dont il ne faille leur rapporter l'honneur. Son *édifice géographique* a eu mille architectes, dont il n'est, lui, que l'humble manœuvre. Il ne parle plus, alors, ni de la gloire dont on veut le frustrer, ni du fruit de ses veilles qu'on prétend lui ravir ; il s'efface entièrement, il s'annule, il s'amoindrit, il disparaît. A le croire, chaque partie spéciale de son livre a un inspirateur spécial ; des autorités imposantes y ont mis la main ; les épreuves ont été revues, corrigées, annotées par les maîtres. Son archéologie appartient à nos meilleurs archéologues, son histoire naturelle à nos meilleurs naturalistes, son orographie à nos meilleurs orographes, son ethnographie à nos meilleurs ethnographes, son Afrique, son Asie, son Océanie, son Amérique, doivent être restituées aux savants qui ont quelque droit de les décrire ; et quant aux détails, M. Balbi, scrupuleux à l'excès, a confié, assure-t-il, ses places fortes à des militaires, ses académies à des académiciens, ses renseignements religieux à des ecclésiastiques. Tout ceci est bien ; mais que va-t-il rester à l'auteur après cette abdication intégrale ? Aura-t-il encore le droit de lancer ses foudres contre la spoliation et de vouer ses plagiaires aux Euménides ? On lui emprunte ce qu'il a emprunté ; c'est la peine du talion, voilà tout.

Il est vrai que ces accès de modestie, imaginés, comme l'on dit, pour les besoins de la cause, n'ont rien de durable ni de sérieux. Ce sont des éclairs qui traversent *l'Abrégé*, une inconséquence née du plus ingénieux calcul. Feuilletez quelques pages ; la nature va reprendre le dessus, et de toutes ces lumières dont il a exagéré l'éclat, M. Balbi

Louis Reybaud

se fera une auréole pour lui-même. On peut appeler cela du désintéressement placé à gros intérêt. Voici d'ailleurs un correctif à ces allures passagères d'humilité et de renonciation. Il est assez admis, dans le monde des sciences et des lettres, qu'un auteur ne doit se citer lui-même qu'avec une grande sobriété, et en cherchant à adoucir par quelques formules convenues ce qu'une telle prétention renferme en soi de tranchant et d'excessif. Cette loi des esprits modestes n'a pas été faite pour M. Balbi : il passe à côté d'elle sans la voir ; il l'ignore ou il la viole de propos délibéré. A-t-il besoin de s'appuyer, pour faire la preuve d'un chiffre ou d'un fait, sur une autorité irrécusable ? C'est la sienne qu'il invoque avant toutes les autres. Lui faut-il corroborer une assertion contestée ? c'est à son avis antérieur qu'il s'en réfère. Il se mire dans ses travaux anciens, il se redit ses calculs, il s'écoute parler, il s'énumère avec bonheur ses propres ouvrages, l'*Atlas ethnographique*, le *Compendio di geografia*, la *Balance politique dit globe*, the *World compared to the British empire* ; il est heureux, il s'épanouit, il se dilate ; on voit qu'il s'aime. De cette disposition d'esprit et de ce besoin de se plaire naîtra pour nos neveux une autorité géographique à deux degrés de sanction : Balbi *apud* Balbi.

On a vu combien l'*Abrégé de géographie* est enclin à sacrifier au succès : il ne ménage rien de ce qui peut désarmer cette idole, il n'y épargne ni sa fierté, ni sa dignité. Il sait où sont ses juges et quels pourront être ses patrons. Il va vers eux, les prévient, les entoure de tant de flatteries, fait si bien leur part à tous et à chacun, que la résistance sera impossible. L'univers entier doit devenir complice du triomphe. Les savants ont leur lot ; chacun d'eux a son piédestal ; leurs titres revivent dans chaque page. Le livre est leur enfant ; ils ne l'étoufferont pas de leurs mains. Les journaux, les revues ont leur contingent aussi : on les cite tous comme des réservoirs inépuisables, où l'auteur a trempé maintes fois ses lèvres altérées de science ; on les nomme par leurs noms, on les fascine par des airs polyglottes, on exalte la publicité anglaise, on couronne la publicité américaine, on déifie la publicité allemande, on se met aux pieds de la publicité française, le tout accompagné d'un étalage de noms propres qui doivent imposer le respect et l'attention au gros des profanes. Ainsi la presse périodique, comme les savants, aura les mains liées : on ne peut pas répondre à des compliments par une critique brutale. Reste maintenant le succès extérieur, celui qui résulte d'un patronage opulent et européen. Ici le génie de l'*Abrégé* s'est surpassé lui-même ; il a rencontré une de ces inspirations qui font époque. Comment intéresser les grands seigneurs de tout le globe au succès d'un livre géographique ? Là était le problème : il a été victorieusement résolu. Ces seigneurs, ces princes possèdent des cabinets de médailles, des musées, des collections d'oiseaux ; les plus modestes ont des herbiers, des objets de conchyliologie, des bibliothèques, des galeries, des serres, des cartons de dessins, des volières, ou quelques armoires remplies de pétrifications. « Il n'y a qu'à citer tout cela, s'est dit l'*Abrégé*. Mille noms puissants, mille patrons, mille prospectus. » Et il l'a fait. Des animaux empaillés ne sont peut-être pas de la géographie, et c'est dégrader la science que de la faire descendre à des détails d'almanach ; mais le succès est une divinité impérieuse et exigeante : on ne l'apaise pas sans victimes.

S'il est des choses dont l'auteur de l'*Abrégé* se montre prêt à faire très bon marché, il en est d'autres à propos desquelles il ne plaisante jamais : de ce nombre est l'autorité de la statistique. Qu'on ne parle pas, devant M. Balbi, légèrement et irrévérencieusement de la statistique ; on allumerait toutes ses colères. Il sacrifiera le style, s'il le faut ; immolera la pensée, s'il en est besoin ; mais, sur la statistique, il ne cédera pas. L'ennemi de la statistique est son ennemi ; il est prêt à rompre une lance avec les détracteurs d'une étude qu'il nomme « la bienfaitrice de l'humanité. » En voulez-vous la preuve ? M. Balbi l'administre sur-le-champ. Si Moreau et Suchet avaient connu à fond la statistique, ils n'auraient pas frappé, l'un à Saltzbourg, en 1800, l'autre à Girone, en 1809, des contributions de guerre hors de proportion avec les ressources locales. L'argument est triomphant, il ne souffre pas de réplique. Cependant, quelque désir que nous ayons de vivre en bonne intelligence avec la statistique, dont nous aimons à proclamer d'ailleurs l'utilité secondaire, il nous est impossible de ne pas faire observer à son champion que c'est là une science conjecturale, arbitraire, ductile, aussi propre à servir les passions qu'à éclairer les intérêts. Grace à la complaisance des chiffres et aux capitulations de la conscience humaine, la statistique n'a guère été jusqu'ici qu'une arène ouverte aux systèmes, à la mauvaise foi, à l'erreur ou à la paresse ; une arme à deux tranchants, qui blesse aujourd'hui celui qui s'en est armé victorieusement hier. Plus d'une fois on l'a vue partir du même point pour aboutir à des inductions diamétralement contraires, légitimer toutes les causes, et servir de prétexte à toutes les oppressions. Aucune étude ne repose sur des données plus fugitives et plus élastiques ; aucune ne conduit à des résultats plus suspects. Et si nous voulions prouver jusqu'à quel point elle domine parfois ceux qui prétendent l'avoir asservie, nous n'aurions qu'à opposer les mécomptes de M. Balbi le statisticien au plaidoyer

Louis Reybaud

de M. Balbi le panégyriste de la statistique. A l'article RUSSIE, par exemple, l'auteur de *l'Abrégé* se prend à discuter quel est le chiffre réel des forces militaires de cet état. Il énumère les évaluations antérieures, les discute, les combat, les ruine ; puis, arrivant à son propre calcul, il déclare d'une manière pertinente et solennelle que la Russie a 670,000 combattants, pas un de plus, pas un de moins. C'est la loi et les prophètes ; il n'y a plus à compter. Malheureusement, vers 1831, on eut besoin de savoir en France quelle était la situation militaire d'un pays qui ne déguisait pas ses intentions hostiles. La diplomatie fit jouer ses ressorts secrets, et l'on sut, par le rapport officiel de notre ambassadeur, que la Russie n'avait sur pied que 439,720 hommes : différence en moins sur le chiffre de M. Balbi, 230,280 ; une misère.

Les forces navales comparées de la France et de l'Union américaine donnent lieu aux mêmes fluctuations. M. Balbi accorde à la France : 110 vaisseaux ou frégates, — 213 bâtiments inférieurs. TOTAL : 323.

Il donne aux États-Unis : 25 vaisseaux, — 11 frégates, — 32 bâtiments inférieurs. TOTAL : 68.

Probablement ces chiffres n'auraient pas reçu de démenti, si, au moment de notre démêlé avec l'Amérique, on n'eût pas cherché à éclairer l'opinion sur l'état réel des forces respectives des deux pays. C'est ce que fit l'organe estimé d'un de nos ports marchands, en citant, à l'appui de son énumération, tous les noms des navires de guerre. Il en résulte que nous avions à cette époque :

53 vaisseaux à flot, — 26 vaisseaux en construction, — 35 frégates à flot, — 28 frégates en construction, — 30 corvettes à flot, 2 corvettes en construction, — 50 bricks à flot, — 20 bâtiments de force inférieure, TOTAL : 244.

En même temps, *l'Annuaire officiel* des États-Unis enregistrait l'état suivant des forces navales de la république :

12 vaisseaux, — 27 frégates, — 15 sloops, — 7 schooners, TOTAL : 51.

Que l'on compare ces chiffres à ceux de M. Balbi, et l'on se demandera ce que doit être pour les écoliers une science qui fait ainsi trébucher les maîtres.

L'auteur de *l'Abrégé* laisse entrevoir d'ailleurs, d'une manière assez transparente, sa manière d'opérer comme praticien, pour que l'on soit parfaitement édifié sur l'infaillibilité de sa théorie. Se trouve-t-il placé entre deux chiffres, l'un très élevé, l'autre très bas, il prend un nombre intermédiaire, à l'aventure, comme il lui vient, et sans justi-

Adrien Balbi

fier autrement sa préférence.

Est-il question d'Hama en Syrie :

« Sans adopter, dit-il, l'estimation d'Ali-Bey, qui lui donne 100,000 habitants, ni l'estimation de Burkhardt, qui les réduit à 30,000, *nous croyons* qu'on pourrait lui accorder de 45,000 à 50,000 âmes. »

Plus loin, c'est le tour d'Akhaltsikhé :

« M. Dupré, cité par M. Gambo, lui accorde 40,000 âmes. *Nous croyons* que sa population n'arrive *pas même* à la *moitié* de ce nombre. »

Enfin, l'auteur se trouve-t-il embarrassé à propos du dénombrement de Sou-Tcheou en Chine, il se consulte gravement, et écrit :

On ne sait rien sur le nombre de ses habitants ; *nous penchons à croire* qu'il pourrait bien s'élever à 500,000 ou 600,000 âmes. »

Voilà où en est la certitude de cette science, bienfaitrice de l'humanité. Entre deux chiffres douteux créer un troisième chiffre, et quand *on ne sait rien, pencher à croire, incliner à croire*, tout gît là. Que, si l'on persiste à ne point voir, dans ce jeu récréatif, le dernier mot de l'esprit humain, M. Balbi armera à l'instant ses tonnerres contre l'incrédule ; il invoquera ses *vingt-cinq ans d'expérience* ; il dira, dans une langue à lui, comment il a parcouru toute la hiérarchie synoptique, et comment, du grade de statisticien *spécialiste*, il est arrivé à celui de statisticien *résumiste*. Impossible de résister à des titres aussi foudroyants et à un langage aussi péremptoire. Il n'y a plus qu'à se soumettre et à demander pardon à la statistique des mots légers qu'on aurait pu se permettre à son égard.

On a vu plus haut comment pouvaient être classées les qualités nécessaires à un auteur qui se dévoue à une compilation géographique. Connaître tous les documents, les juger, les ordonner, tels sont les trois aspects sous lesquels il faut envisager une tâche qui demande des facultés combinées d'érudition, de critique et de méthode. Nous ne parlons pas de la patience, qui est une vertu négative, si on la prend isolément, et de l'activité, qui est un don fâcheux, si on l'emploie à des pauvretés manifestes. Il reste maintenant à s'assurer jusqu'à quel point M. Balbi a satisfait à ces conditions diverses. En première ligne vient l'érudition. M. Balbi a-t-il su tout ce que demandait son travail, et l'a-t-il bien su ? N'a-t-il rien tronqué, rien confondu, rien omis ? Est-il vraiment l'esprit encyclopédique dont parle l'*Avis de l'éditeur*, et qui mérite de faire *foi* comme révélateur d'une Bible de géographie ? Loin de nous la pensée de contester qu'une portion de ces

Louis Reybaud

titres n'appartienne légitimement à M. Balbi, et de nier la richesse des sources auxquelles il a dû puiser. Mais, en même temps que nous lui rendons cette justice, il nous est impossible de reconnaître en lui une érudition profonde et absolue. L'érudition, dans sa partie intelligente, suppose une critique et un sens que M. Balbi ne montre pas toujours ; dans sa partie mécanique, une exactitude qu'il se permet souvent de violer. En regardant de près quelques passages traduits, nous avons cru entrevoir que M. Balbi ne possède pas parfaitement l'anglais,[4] et hésite tant soit peu sur l'allemand. Quant à l'arabe, il est évident qu'il n'en sait pas un mot, car il tronque l'orthographe des villes égyptiennes et syriennes, et convertit *Islam* en *obéissance à Dieu. Maghreb*, pour lui, équivaut à *Provinces barbaresques*, et n'a plus cette valeur relative qui en fait une région située à l'ouest de l'Arabie. Il n'est qu'une langue, sans en excepter la nôtre, dont on ne puisse contester à l'auteur de *l'Abrégé* la connaissance parfaite, c'est l'italien. Ajoutons que, de toutes, c'était la moins utile.

Il serait trop long de suivre ici, dans ses imperfections inévitables, un travail qu'on jugerait moins sévèrement, s'il affectait des airs plus modestes. Quelques redressements suffiront ; on supposera facilement les autres. Ainsi, l'auteur de *l'Abrégé*, trompé par des analogies apparentes, se plaît à confondre les *Illiâts*, nom générique des tribus nomades de la Perse, avec les *Eleuths*, qui habitent, à six cents lieues de là, le grand désert à l'ouest de la Chine ; il supplée de son chef aux lacunes des voyages au pôle et fait une île du Groënland ; il oublie de combiner ses données orthographiques, de manière à ne pas tomber dans des contradictions flagrantes, et écrit tantôt *Sapor*, tantôt *Chapour*, deux noms identiques. Dans la partie statistique de la France, si riche en documents officiels, les erreurs fourmillent. Les divisions militaires sont inexactement énoncées ; la population de grandes villes comme Lyon et Marseille, est évaluée d'une manière fautive. Pendant que *l'Abrégé* consacre une page entière à des îlots sans habitants, il néglige Tarare et Saint-Quentin, cités industrieuses, qui n'ont pas même une mention. Un travail sur les canaux, dont M. Balbi paraît être sérieusement épris, offre à son tour les caractères d'une préférence malheureuse. L'auteur déclare, la main sur le cœur et avec assurance, que c'est le tableau de la matière le plus complet qui ait été dressé, et voici ce qui y manque : 1° le canal des Ardennes, qui unit la Meuse à l'Aisne dans un développement de 39,214 mètres ; 2° le

---

4 Notamment dans un passage sur les ruines de Copan, où, traduisant un auteur anglais, traducteur lui-même de l'Espagnol Francisco de Fuentes, il rend par *étoffe jaune* un mot anglais qui veut dire *fraise*.

Adrien Balbi

canal d'Arles à Bouc, avec 45,883 mètres de parcours ; 3° le canal du Blavet dans le Morbihan, sur 59,818 mètres ; 4° le canal de Niort à la Rochelle, sur 78,000 mètres ; 5° le canal des Étangs et celui de Beaucaire, sans compter des canaux de moindre importance, comme ceux de la Sensée, d'Aire à la Bassée, etc., etc. Il est vrai que, pour rétablir l'équilibre, à côté de ces canaux existants et omis, *l'Abrégé* en cite d'autres qui sont imaginaires ; le *canal de Bretagne*, par exemple. Il y a trois canaux en Bretagne, mais de *canal de Bretagne*, proprement dit, avant M. Balbi, on n'en connaissait pas, et après M. Balbi, il faudra le chercher encore.

Si l'on voulait tout éplucher ainsi, *l'Abrégé* serait bientôt réduit à rien. Chaque population de ville pourrait être discutée dans ses termes et rétablie sur un autre pied ; il y aurait à revenir sur tout : sur la statistique, sur les détails historiques, sur l'authenticité et la sincérité des sources, sur la valeur comparée des documents. Bornons-nous à demander à M. Balbi où il a vu que Mélinde, capitale du royaume de ce nom, est située à l'embouchure d'un grand fleuve nommé Quilimancy ? Dans Malte-Brun, sans doute, qu'il a copié plus d'une fois, tout en le rangeant peut-être parmi les *géographes routiniers*. Mais d'abord Malte-Brun n'a présenté ce fait que comme une hypothèse résultant de reconnaissances fort anciennes, et ensuite il pouvait ignorer, plus excusable en cela que M. Balbi, les reconnaissances de voyageurs contemporains, d'où il résulte qu'aucun fleuve ne coule ni à Mélinde ni à Patta. Le cours d'eau le plus voisin (Zeby, dans l'intérieur ; Djeba, sur la côte), se jette dans la mer à 250 milles de Mélinde. Voici maintenant une confusion plus étrange. Nous lisons à la page 874 de *l'Abrégé* : « On voit à Alexandrie les deux obélisques, dits Aiguilles de Cléopâtre, dont l'un est debout, et *l'autre a été donné au roi de France par le vice-roi Mohammed-Ali.* » Ainsi, le bloc de granit qui figure aujourd'hui sur la place de la Concorde, ne serait pas, comme on s'obstine à le croire, l'un des obélisques de Louqsor, mais bien l'une des aiguilles de Cléopâtre. Sur l'autorité de M. Balbi, il n'y a plus qu'à attaquer M. Lebas en contrefaçon ou en substitution de monument. Ce qui suit est une contradiction non moins curieuse. Page 519, on lit, à propos des essais de civilisation réalisés par Mahmoud : « Une circonstance qui doit rendre les progrès plus lents, c'est que *le sultan n'a pas encore songé à établir un Journal* à Constantinople. » Voilà le *recto* ; maintenant, prenez le *verso*, page 857. A l'occasion des réformes de Mohammed-Ali, il est, dit expressément : « A l'instar de l'Égypte, *le sultan a aussi fondé un journal* qui produira d'heureux effets. » Il est impossible de se contredire plus

Louis Reybaud

complètement sous la même couverture.

Laissons ces petites chicanes : Homère lui-même a pu sommeiller quelquefois ; à plus forte raison M. Balbi. L'érudition d'ensemble sauvera d'ailleurs ce que laisse à désirer l'érudition de détails. Il y a dans l'*Abrégé* assez de pages empruntées à Malte-Brun en principes généraux, à Bruguière, à de Buch, à Pentland en orographie, à M. Klaproth en philologie, à MM. de Humboldt, Ritter et Cuvier, en sciences accessoires, pour que l'on se garde de mettre en question l'érudition générale du livre. Les sources d'où il découle sont nombreuses ; les autorités sur lesquelles il s'appuie sont souvent décisives. A peine, dans le nombre, peut-on regretter çà et là quelques omissions importantes, et entre autres Kirkpatrick pour le Népal, Russell pour l'empire ottoman, Beatson pour Sainte-Hélène, Daniell frères, Hartfort, William Jones, Ouseley, Wilford, Solvyns, Kinneir pour l'Inde, Morier, Burnest Murray et Malcom pour le Turkestan et pour la Perse. Quand il aurait donné à ces voyageurs authentiques la place qu'occupent chez lui des voyageurs plus que suspects comme M. Douville, l'*Abrégé* n'aurait pu que gagner aux yeux des juges qui connaissent la valeur des noms géographiques. Mais ce sont là des péchés véniels qu'il faut gracier pour passer outre.

Après l'érudition de M. Balbi, jugeons sa critique. A-t-il, parmi des documents contradictoires et nombreux, sainement distingué, sainement choisi ? A-t-il montré en ceci le discernement, la sagacité nécessaire ? Le triage des matières a-t-il été fait avec tout le goût désirable et dans la ligne qui convenait ? L'auteur a-t-il dominé ses autorités ou leur a-t-il obéi ? Les a-t-il passées à un crible intelligent pour rejeter celles qui lui paraissaient trop légères ? En géographie tout mérite s'efface devant celui-là. Sans ce contrôle judicieux, la science est une monnaie de bas aloi, dont un œil exercé découvre facilement l'alliage. Le voyageur est un être si divers, si mobile, si impressionnable ; il trompe le lecteur avec un aplomb si parfait, il se trompe lui-même avec une bonne foi si naïve ! Avant de se fier à lui, même pour des riens, il faut l'étudier, deviner ce qu'il est comme tempérament, comme capacité, comme nationalité, comme humeur ; savoir d'où il vient et où il va, prendre ses impressions à leur source et s'assurer qu'aucune cause personnelle n'en a altéré le caractère. Tel voyageur n'abuse son public que parce qu'il s'abuse lui-même ; tel autre, plus vain et plus fanfaron, se fait un piédestal de ce qu'il décrit ; il en est qui sont enclins à tout exagérer, d'autres à tout amoindrir ; ceux-ci ont le sens mathématique, et mesurent ; ceux-là ont l'instinct poétique, et colorent. En général, dans chacun d'eux, si médiocre qu'il

Adrien Balbi

soit, il y a une corde vraie, et c'est celle-là qu'il faut faire résonner ; elle donne le ton de l'individu. On le devine quand il se tait, on le rectifie quand il dénature. D'ailleurs, ce que l'examen partiel peut laisser encore dans l'ombre, la comparaison le met bientôt au jour, et ainsi, de document en document, de voyageur en voyageur, un esprit droit et pénétrant arrive à la presque certitude des choses, tantôt par l'induction seule, tantôt par la mise en regard des observations corrélatives.

Il nous serait doux de reconnaître dans M. Balbi cette qualité fondamentale du géographe ; mais est-il possible d'oublier avec quel entraînement et quelle crédulité il a abondé dans les récits fantastiques dont M. Douville berçait naguère le monde savant ; avec quel empressement il s'est approprié ce voyage imaginaire pour en faire ressortir une topographie nouvelle et tout un système orographique qu'il nomme le système nigritien ? Certes, après les révélations concluantes que M. Lacordaire a insérées dans cette Revue, il n'était plus permis à personne de se faire illusion sur les travaux de M. Douville, et cependant l'*Abrégé* (édition de 1833) en parle encore comme d'une *exploration importante*. Est-ce ignorance des faits ? Est-ce entêtement ? C'est peut-être système ; car M. Balbi accrédite volontiers les autorités que personne ne soutient, et il semble surtout caresser du regard les champignons scientifiques éclos à ses pieds et sous son ombre. La liste des grands hommes inconnus dont M. Balbi a fait la découverte, et dont il adopte les matériaux avec peu de discernement, serait longue à dresser et encombrerait inutilement ces pages. Il suffit d'en tirer cette conclusion que le sens critique a souvent manqué au géographe, et qu'il n'a pas su défendre son jugement contre toutes les surprises.

C'est à la suite de ces noms sans autorité et sans valeur que l'auteur de l'*Abrégé* s'est lancé dans une terminologie absurde, prenant à celui-ci des *souches*, à un autre des *systèmes*, à un troisième des *foyers*, le tout sans raison, sans règle et au hasard. Par ce motif, son Océanie est à refaire en entier ; elle repose sur des observations inintelligentes et des subdivisions inadmissibles. Prenant au sérieux les moindres enfantillages d'un voyageur secondaire, M. Balbi a débaptisé tout un monde pour avoir la gloire de s'en faire le parrain. Il a créé un archipel Mounin-Volcanique ; il a converti la Nouvelle Zélande en Tesmanie, la terre de Van-Diémen en Diéménie, la Nouvelle-Guinée en Papouasie ; il a fait de quelques petits îlots perdus sur l'Océan Pacifique des Sporades, de Vanikoro l'archipel Lapérouse, et des Nouvelles-Hébrides le groupe Quiros. Mais ceci n'est rien encore

Louis Reybaud

auprès du nom incroyable que, de concert avec son ami le docteur Constancio, M. Balbi a élaboré pour l'Amérique du nord : PLEÏADELPHIA ! Qu'en dites-vous ? Comme cela chante, résonne, emplit la bouche : PLEÏADELPHIA. C'est-à-dire, ajoute M. Balbi, un mot renfermant, avec une précision parfaite, les idées suivantes : *Union fraternelle, boréo-hespérique, d'états navigateurs*. Vous verrez que les Américains du nord seront assez barbares pour repousser cette découverte, et qu'ils s'obstineront à ne pas répondre au nom de Pleïadelphiens. Le sort des idées de génie est d'être méconnues de leur temps.

Puisque nous voici sur le terrain des puérilités, voyons si M. Balbi n'a pas abusé de cette ressource. Dans bien des endroits de son livre, il se rend cet hommage qu'il n'a pas imité ces géographes vulgaires qui ne voient que la France dans l'Europe et l'Europe dans le monde. En effet, loin de sacrifier aux dieux de la foule, il les a traités de la manière la plus cavalière, les a insultés, écourtés, mutilés, se permettant à peine de dire quelle est la population d'une ville européenne, et s'interdisant, comme chose oiseuse, de nommer les hommes célèbres qu'elle a vus naître. C'est bien ; mais après avoir ébranché ainsi des objets d'une utilité consacrée, pourquoi les remplacer par des matières ridiculement parasites ? Au lieu d'une mention pour les illustrations locales, savez-vous ce que nous donne M. Balbi ? On ne le croirait jamais. *La Charte de 1830* ; oui, la charte avec ses annexes. L'Angleterre va réclamer, sans doute ; on lui doit la mention du pacte d'Alfred-le-Grand ; les États-Unis exigeront à leur tour l'insertion du bill des droits, et il est possible que la Porte élève la même prétention en faveur du Koran, qui est sa loi politique. Ce n'est pas tout ; après avoir introduit violemment la Charte dans sa géographie, M. Balbi imagine de couvrir du même prétexte un vaste enseignement technologique. Il explique donc, et fort au long, à ses lecteurs, ce que sont les terres et domaines de la couronne, la liste civile, les apanages, les droits régaliens, les péages, les monopoles, les contributions, les amendes, les confiscations, les sportules. Il explique ce qu'on entend par crédit public, fonds, papier monnaie, amortissement ; il va jusqu'à donner des axiômes économiques. « Le commerce, dit-il, est *actif* lorsque l'état vend à l'étranger beaucoup plus de marchandises qu'il n'en achète ; il est *passif* si l'état achète plus qu'il ne vend. » Pour émettre de semblables et aussi neuves définitions, ce n'était guère la peine de se déranger de son chemin. Mais, une fois lancé, M. Balbi ne s'arrête plus ; il verse la lumière par torrents, réchauffe, éclaire et féconde tout ce qui se trouve sur sa

Adrien Balbi

voie ; il continue à expliquer ce qu'est l'armée de terre et de mer, ce que sont les manufactures ; ce que représentent les mots caravane, foire, bourse, ville, échelle, colonie, marine, capitale, bourg, village. Encore un élan et il allait dire ce que sont une place, une rue, un carrefour, un clocher, une boutique, un porche, une cave. La lexicographie est un enseignement qui mène loin, et sous le manteau d'une géographie, on courait la chance d'avoir un vocabulaire. Heureusement, M. Balbi s'est contenu ; il n'a pas voulu ruiner Boiste et Lavaux. Comme revanche, il s'est donné le plaisir, à quelques pages de là, de mentionner une classification fort curieuse du genre humain dont il fait, avec l'un de ses savants inconnus, des anthropophages, des frugivores, des omnivores, des carnivores, des acridophages (mangeurs de sauterelles), des géophages (mangeurs de terre). Voyez-vous d'ici ces peuples qui ne mangent absolument que de la terre ou des sauterelles. Diviser l'humanité d'après l'alimentation, c'était là une idée hardie. Il fallait, sans doute, du courage pour la concevoir ; mais il en fallait bien plus encore pour la reproduire.

Passons du plaisant au sévère. Il est assez d'usage, quand on écrit un livre élémentaire dans un idiome, que l'on fasse, quoique étranger, une belle part à la nationalité qu'il représente. C'est un devoir auquel Malte-Brun n'a pas manqué et que M. Balbi n'aurait pas dû méconnaître. A quelle préoccupation, à quelle arrière-pensée a-t-il cédé en écrivant son livre, nous n'en savons rien ; mais toujours est-il qu'il s'y réfléchit principalement et comme Italien et comme sujet de l'empereur d'Autriche. Ne lui demandez pas de citer en passant les noms français qui se rattachent à quelque localité lointaine, Jumel à propos de l'Égypte, Poivre à propos de l'île Maurice : il n'a pas à donner de telles satisfactions à l'orgueil national. Bien mieux, s'il est question, en énumérant les ressources de la viabilité italienne, de la magnifique route du Simplon, il omettra de dire qu'elle est due à l'intervention de la France et au génie de Napoléon. S'il s'agit de choisir une mesure géométrique qui règne dans tout le livre, c'est le mille italien qui sera préféré et non pas le mètre et ses multiples. Entre l'Italie et la France, s'il y a un pays à sacrifier sous le rapport de l'étendue et des développements, la France aura le dessous. Puis, comme par expiation, l'Italie, un instant favorisée, sera à son tour immolée à l'Autriche. Le respectueux sujet n'osera pas insinuer qu'il existe dans le nord de la Péninsule italique un royaume lombardo vénitien, et il fera de Milan une ville autrichienne ; un géographe de Vienne n'aurait pas mieux dit. C'est courageusement s'effacer et s'exécuter de bien bonne grâce ; on assure que M. Balbi y a gagné le

Louis Reybaud

titre de conseiller aulique.

Il nous reste à parler de l'ordonnance de *l'Abrégé* ; sous ce rapport, c'est un travail qui ne peut se défendre. Jamais on n'a rien imaginé de plus confus, de plus mal joint, de plus emmêlé. Chaque partie du monde y cherche ses membres épars : la tête est auprès des pieds, le reste du corps se disloque et s'éparpille. Tantôt c'est la division politique qui prévaut, tantôt c'est l'ordre des zones ; un moment on va de proche en proche, l'instant d'après on exécute une enjambée de deux mille lieues. C'est, à la lettre, intolérable. Le but de cette combinaison semble avoir été de masser les aperçus généraux afin d'éviter les redites ; mais ce qui en résulte en réalité, c'est de n'offrir aucune satisfaction à ceux des lecteurs, et c'est le plus grand nombre, qui demandent à une géographie des éclaircissements partiels. On n'attaque pas de tels livres par l'ensemble, mais par le détail ; on ne les lit pas sans désemparer, mais on les consulte à bâtons rompus. Chez M. Balbi, quand on veut s'éclairer au sujet d'une ville quelconque, même de médiocre importance, il faut remonter successivement du point cherché au pays dont il fait partie, et du pays au monde. Si l'on ne se résigne pas à cette laborieuse investigation, on ne connaîtra qu'imparfaitement l'état physique, social et politique du lieu interrogé. Et encore après cette peine prise, se trouvera-t-on plutôt édifié sur la physionomie générale d'un continent que sur l'aspect particulier d'une province et d'un canton. La géographie de M. Balbi entraîne ainsi l'esprit vers de perpétuelles synthèses : pour la lire avec fruit, il faut déjà être fort bon géographe.

C'est surtout dans le classement des divisions territoriales que le vice de la méthode se fait le plus vivement sentir. On dirait que l'auteur obéit à un parti pris, tant il multiplie les complications gratuitement et systématiquement. Il tend des embûches au lecteur, il lui crée des embarras, il le promène à travers des régions découpées en labyrinthe. S'il existait un baccalauréat spécial pour la géographie, la faculté de pouvoir se servir couramment de *l'Abrégé* pourrait être un titre d'admission ; car elle supposerait des études antérieures et profondes. Au lieu de décrire un pays par grandes zones et de proche en proche, soit en allant du nord au midi, soit en adoptant toute autre marche rationnelle, M. Balbi a imaginé une division de nationalités politiques qui l'entraîne en des chevauchements continuels. Cherche-t-on, en Europe, Malte, Héligoland, ou Gibraltar ? C'est entre l'Angleterre et l'Écosse, au milieu des Orcades ou des Hébrides, qu'il faut les découvrir. En Amérique, pays de colonies européennes, ce système de sautillement va jusqu'à donner des ver-

Adrien Balbi

tiges. Dans l'article des possessions anglaises, on passe du Canada à la Jamaïque, d'Halifax à Demerary ; dans celui des possessions françaises, on se promène de Cayenne à Saint-Pierre-Miquelon, le tout sur la même page et à quelques lignes d'intervalle. Les distances n'effraient pas M. Balbi ; il a une manière de les abréger qui n'est qu'à lui. Tant pis pour qui ne peut le suivre, il le laisse en chemin ; demandez donc aux aigles de voler moins vite. Cependant, tout neuf et tout hardi que soit ce système, le géographe n'y est pas tellement enchaîné qu'il ne le viole au besoin. Ainsi, pour l'Océanie en masse et pour l'Afrique partiellement, M. Balbi abandonne sa division par nationalités politiques, pour introduire un classement non moins arbitraire de régions géographiques.

Un mot maintenant sur la forme. Sans doute, il serait déraisonnable de vouloir qu'un étranger fût initié aux mystérieuses délicatesses de notre langue ; mais ce que l'on peut exiger de lui, c'est qu'il abdique toute prétention au style et à la couleur. Que si, au lieu de se contenter d'une expression claire et précise, il vise aux grands effets de style, on est fondé à se demander jusqu'à quel point cette rhétorique d'emprunt s'accorde avec les lois de la grammaire. M. Balbi se trouve dans ces conditions et sa cuirasse a plus d'un défaut. Personne n'est plus vulnérable : son livre est un pêle-mêle d'outrages à la langue et de tournures ambitieuses, de mots vides et de grands airs, de morgue tranchante et de flagrantes incorrections. Il est surtout inappréciable quand il fait de la couleur. Veut-il qualifier la reine malgache, Ranavala-Manjoka, complice de l'assassinat de son époux Radama ? Il ne se fait pas faute de l'appeler Clytemnestre ; il est vrai qu'il n'ose pas compléter la comparaison en faisant un Égisthe du nègre Andymiase, et des Atrides des deux petits princes Micolo-Sala et Tai-Toutou. Parle-t-il des civilisateurs de l'Océanie, Tameamea et Finau ? il les donne comme la monnaie de Napoléon ; il appelle Culhacan une Thèbes américaine, et quelques méchants fortins sur la côte des Esclaves, les villes anséatiques de la Nigritie. Dans l'Inde, s'il s'agit des sangsues du Dekkan, il écrit : « Dans les campements des armées, elles peuvent *verser* plus de sang que les faibles troupes des Hindous. » Du reste, toute son histoire naturelle est écrite d'un style inimaginable. On y voit une guenon *habillée de toutes couleurs comme les suisses de nos cathédrales* ; on y admire un animal *avec une peau hérissée de poils courts et raides comme les soies d'une brosse usée, toute pavée d'écussons, et de laquelle a disparu le large plissement monacal qui habille le rhinocéros.* Ici un cocotier est un végétal *colonnaire* ; plus loin, un *faisceau de palmes en parasol.* Mais, entre mille

Louis Reybaud

passages de ce goût et de ce ton, en voici deux qu'il serait vraiment fâcheux de ne pas mettre en lumière. Le premier dit : « En Océanie, les mammifères ont quelques représentants : le *chien*, ce compagnon docile de l'homme, qui s'attache à ses pas comme l'ombre le fait au corps dont il est l'image, existe comme commensal des deux races jaunes qui se sont partagé ce système d'îles ; mais le *cochon* n'existe que sur les îles où vit la race océanienne pure... etc. » Quelles perles de style sont jetées là, devant les deux animaux qui font l'ornement de cette période ! Le second passage est d'un autre genre : « L'Asie nourrit les plus *grands reptiles* du monde. C'est sur ces côtes que pullulent les *tortues franches et les carets.* » Des carets et des tortues en fait de grands reptiles !

Arrêtons-nous. Aussi bien la force nous manque pour épuiser cette guerre de détails, qui prend toujours des formes âpres et procédurières. Vis-à-vis d'une présomption moins absolue et d'une suffisance moins grande, jamais nous ne l'aurions commencée. C'est que, dans cette tâche de démolition, on s'aperçoit combien de soins ont coûté les œuvres les plus imparfaites, et que le plus impitoyable marteau s'arrête parfois, saisi d'un respect involontaire pour le travail humain. Peut-être même n'y a-t-il pas lieu de prononcer dès à présent contre *l'Abrégé* une sentence définitive. Si M. Balbi voulait prendre les choses sur un diapason moins haut, effacer une introduction qui n'enseigne rien et n'est guère qu'un hymne en l'honneur de toutes les vanités, améliorer ses principes généraux, changer l'ordonnance entière de son livre et en revoir attentivement les détails, il se peut que la critique consentît à regarder comme sérieux un succès de débit, issu d'une exploitation intelligente. Quelque accessible que puisse être M. Balbi aux illusions de l'amour-propre, il est impossible qu'il s'abuse sur le concert d'éloges qui a salué la venue de son enfant. On sait ce que valent ces fanfares d'avènement joyeux ; on sait aussi ce qu'elles coûtent. L'auteur le sait mieux que personne ; il a connu tous les secrets de cette manipulation laudative, et sans doute il donnerait beaucoup de ces hommages prévus pour le suffrage sincère d'un Klaproth, d'un Walkenaër, d'un Letronne. M. Balbi a été applaudi sans doute, mais comme on est applaudi au théâtre : c'est le lustre qui a donné. Toutes les fois qu'on l'a jugé réellement, les conclusions ont été sévères. Le capitaine Boteler l'a appelé, dans la *Revue d'Édimbourg*, « le plus présomptueux des géographes, » et naguère l'économiste Mac' Culloch qualifiait son article sur Londres de « tissu d'exagérations. » Ainsi, en même temps qu'il se fait reconnaître par la foule, M. Balbi se voit repoussé par les hommes spéciaux. C'est à

Adrien Balbi

lui à s'interroger maintenant ; après avoir beaucoup fait pour le succès, voudra-t-il faire quelque chose pour la science ?

ISBN : 978-1547135028

Louis Reybaud